그날, 바다

그날, 바다

발행일 초판 1쇄 2017년 6월 22일
지은이 최상운
펴낸이 임후남

펴낸곳 생각을담는집
주소 경기도 광주시 오포읍 머루숯길 81번길 33
전화 070-8274-8587
팩스 031-719-8587
전자우편 mindprinting@hanmail.net

디자인 nice age
인쇄 올인피앤비

ISBN 978-89-94981-69-7 03980

국립중앙도서관 출판시도서목록(CIP)

그날, 바다 / 지은이: 최상운. — 광주 : 생각을담는집, 2017
p. ; cm

ISBN 978-89-94981-69-7 03980 : ₩15000

세계 여행기[世界旅行記]

980.24-KDC6
910.41-DDC23 CIP2017013457

* 책값은 뒤표지에 있습니다.
* 잘못 만들어진 책은 구입하신 곳에서 교환해 드립니다.

그날, 바다

미술여행작가 최상운의
사진과 이야기

고흐, 쇠라, 모네, 호퍼, 『그리스인 조르바』, 『노인과 바다』,
『이방인』 등을 만나는 여행의 순간들

서문

1995년쯤 서해의 대천 해수욕장을 찾아간 적이 있다. 아직은 바람에 차가운 기운이 조금 남아 있던 때, 바닷가에는 봄 바다를 즐기러 온 사람들이 여기저기 있었다. 그때 내 눈을 사로잡았던 풍경은 어떤 남자가 쪼그려 앉아 애인으로 보이는 여자의 사진을 찍는 장면이었다. 바람에 연신 날리는 머리카락을 손으로 매만지며 여자는 수줍은 미소를 지었는데, 순간 주변의 공기가 한껏 부드러워졌다.

동해 바다에서 염소가 바위를 타는 곳 앞에서 어느 노부부가 바다로 걸어가는 장면을 본 것도 같은 1990년대였다. 할머니가 무슨 일인지 바다로 휘청거리며 걸어갔고, 뒤에서 할아버지가 천천히 따라가는 모습. 순간 공무도하가가 떠오르기도 했다.

그 후로도 많은 바다를 다녔다. 2005년부터 약 8년간 프랑스에 살면서 유럽의 바다를 특히 자주 갔다. 가끔은 태양이 작열하는 아프리카의 바닷가를 걷기도 하고 이스탄불과 뉴욕, 베트남의 바다를 배 위에서 보았다. 홀린 듯 바다 사진을 찍으면서 언젠가 이 바다들로 책을 내고 싶은 마음이 생겼다. 나를 매혹시킨 바다와 기억, 느낌, 생각 들. 이런 걸 얘기하고 싶었다.

그런데 여러 작가들의 책을 읽고 화가들의 그림을 보다가 내가 보았던 바다를 다시 만나게 되었다. 그림과 시와 소설, 혹은 인터뷰에서 그 바다를 발견했다. 바다를 보면서 당시에 떠올린 책의 구절과 그림도 있고, 거꾸로 나중에 책을 읽거나 그림을 보다가 그때의 바다를 다시 기억하게도 되었다. 내가 보지 못한 것, 생각하고 느끼지 못한 것들을 훨씬 훌륭한 다른 작가와 화가들이 쓰고 그렸고, 이 책에서 그걸 받아쓰게 되었다. 바다를 사랑하는 많은 사람들과 함께 이 바다들을 나누고 싶다.

2017년 6월 최상운

목차

SEA 1

그리스 미코노스 · 산토리니 · 크레타, 제주 비양도

에게 해 014 : 늙은 선원 028 : 고대의 신전을 닮은 건물 034 : 여객선 터미널 038 :
산토리니 신항구 046 : 바닷가 절벽 048 : 황혼과 낮 054 : 절벽 위의 집들 060 :
파라다이스 비치 062 : 크레타의 석양 066 : 비양도 072 : 터너의 바다

SEA 2

모로코 탕헤르, 충남 대천,
이탈리아 시칠리아, 전북 위도 · 선유도,
네덜란드 스헤베닝언

항구 앞 084 : 대포 087 : 카페로 가는 길 088 : 카페 하파 090 :
기념사진 096 : 폭죽 098 : 바닷가 역 100 :
닻의 무덤 104 : 노인과 바다 108 : 스헤베닝언 해변 118 : 고흐의 바다

SEA 3

제주 우도 · 마라도 · 가파도,
스페인 산 세바스티안, 프랑스 도빌 · 트루빌

우도 천둥소리 132 : **먹구름** 134 : **우도의 구름** 136 : **우도의 소** 138 :
마라도의 말 140 : **가파도** 142 : **산 세바스티안의 석양** 144 :
산 세바스티안의 구름 148 : **천국의 문** 152 : **남과 여** 154 :
해변의 영화감독들 156 : **나무다리** 157 : **트루빌의 바닷가** 160 :
만조 164 : **랭보의 바다** 166 : 인상파의 바다

SEA 4

아드리아해, 슬로베니아 피란, 몬테네그로 페라스트 · 코토르

할아버지와 손녀 180 : **방파제의 소녀** 184 : **일광욕하는 여자** 187 :
가라앉지 않는 바위 190 : **해수욕하는 가족** 193 : **요트장** 194 :
피란 항구 196 : **페라스트** 201 : **섬 위의 성당** 206 : **코토르** 212 :
아이스크림 214 : **물놀이하는 사람들** 216 : 쇠라의 바다

SEA 5

터키 이스탄불, 충남 서해 · 안면도, 제주도, 프랑스 페캉, 미국 뉴욕

보스포루스 해협 230 : **마르마라 해** 234 : **서해 여객선** 236 : **안면도** 240 :
용암 자국 242 : **바닷가 절벽** 245 : **페캉의 나무다리** 246 :
스테이튼 아일랜드 페리 248 : **뉴욕 앞바다** 250 : **호퍼의 그림 같은** 254 : 호퍼의 바다

SEA 6

튀니지 카르타고, 베트남 하롱베이, 프랑스 에트르타

카르타고 가는 길 262 : **바닷가 유적지** 264 : **모자이크** 268 :
시디부사이드 호텔 270 : **바닷가 의자** 273 : **하롱베이로 가는 배** 276 :
에트르타 280 : **아몽 절벽** 282 : **절벽 아래** 286 :
배와 갈매기 288 : **아발 절벽** 292 : **아가씨들의 방** 297 : 모네의 바다

SEA 7

동해, 영국 브라이튼, 아일랜드 호스, 경남 지심도,
벨기에 오스텐데, 제주 애월 · 서귀포, 프랑스 칸

동해 314 : **노부부와 염소** 316 : **브라이튼** 318 : **호스** 322 :
지심도의 낡은 집 329 : **오스텐데** 331 : **하얀 배** 332 :
애월 334 : **서귀포** 337 : **칸의 공중정원** 340

SEA 1

그리스 미코노스 · 산토리니
크레타, 제주 비양도

에게 해

아테네를 떠난 여객선이 향한 곳은 미코노스 섬.

배는 에게 해 바다를 천천히 헤쳐 나갔다.

바다가 워낙 잔잔해서 갑판을 서성거리다가

오래 전 선원으로 한국에도 가보았다는

아저씨를 만나기도 했다.

그리스에서 만난 어느 정도 나이 든

남자들은 거의 다 왕년에 선원이었다.

나는 일어나서 갑판으로 올라갔다. 맑은 바닷바람을 좀 쐬고 싶었기 때문이다. 이런 게 자유야…… 라고 생각했다. 열정을 품는 것, 황금을 끌어모으는 것, 그러다 갑자기 자신의 열정을 죽이고 보물을 사방에 날려버리는 것.

_니코스 카잔차키스『그리스인 조르바』중에서

그리스의 5월말은 태양이 사정없이 불타오르는 날씨였지만
아랑곳하지 않고 갑판에 나와 있는 사람들도 있었다.
바다는 눈이 부셔서 제대로 쳐다볼 수 없을 만큼 빛났다.
먼바다에서 한없이 신선한 공기를 마시자 『모비 딕』의 구절이 떠올랐다.

좀 더 넓은 바다로 나가자 상쾌한 바람이 불어왔고 조그만 모스호는 마치 콧김을 불어대는 망아지처럼 뱃머리에서 세찬 물보라를 일으켰다. 나는 그 사나운 공기를 얼마나 마음껏 들이마셨던가! 노예의 발꿈치와 말굽에 잔뜩 파인 흔해빠진 도로를, 길로 뒤덮인 땅을 얼마나 경멸했던가! 나는 어떤 흔적도 용납하지 않는 바다의 넓은 도량을 찬미했다.

_허먼 멜빌, 『모비 딕』 중에서

배는 도중에 작은 섬에서 잠시 숨을 돌리고

다른 사람들을 태우고 다시 떠났다.

섬이 다가왔다가 다시 멀어지는 것이 꿈결 같았다.

나중에 이 시를 읽는데 그리스의 섬들이 생각났다.

어느 따스한 가을 저녁 두 눈을 감고

당신의 향기로운 젖가슴 냄새 맡으면

단조로운 햇빛 눈부시고

행복한 해안이 내 눈앞에 나타난다

그것은 게으르게 하는 섬, 거기서 자연은 키운다

진귀한 나무들과 맛있는 과일들

날씬한 체구에 활기찬 남자들

순진한 눈빛이 놀라운 여인들을

_보들레르, 〈이국 향기〉 중에서

Goody's
Goody's

늙은 선원

미코노스의 밤은 너무나 화려하고 흥청거렸다.

그 거리 한쪽에서 누군가 나를 불렀다.

하얀 수염이 얼굴을 온통 덮고 있는 노인은

꼭 그리스 철학자나 비극작가를 닮았다.

소크라테스, 소포클레스 같은.

그는 나에게 그리스어를 할 줄 아느냐고 물었다.

모른다고 하자 인간이면 당연히 알아야 한다는 듯이

간단한 것 몇 마디를 가르쳐주었다.

옆에서 통역을 해주던 노인의 친구는 그가 예전에

선원으로 온 바다를 항해하던 이야기도 해주었다.

늙은 선원들은 추억으로 산다.

조셉 콘레드는 소설 『로드 짐』에서

선원들의 삶에 대해 이렇게 얘기한다.

그는 여러 차례 항해했다. 하늘과 바다 사이에서의 삶이라는 마법 같은 단조로움을 알고 있었고, 사람들의 비난이며 바다 생활의 고단함, 일상적으로 하는 일의 무의미한 가혹함도 견뎌야 했다. 그 일은 선원에게 밥을 먹여주지만 사실 유일한 보답은 그 일에 대한 철저한 사랑에 있다. 그러나 그는 그 보답을 찾지 못했다. 그러나 바다에서의 삶보다 더 유혹적이면서도 환멸을 불러일으키고, 사람을 더 사로잡는 삶도 없기에 돌아서지도 못했다.

_조셉 콘레드, 『로드 짐』 중에서

희한하게도 섬에서는 관광객을 빼고는

여자들을 보기가 힘들었다.

시장에서 다소 남성적인 물건인 생선은 물론이고

여성적인 채소나 꽃을 파는 사람들도 다 남자였다.

그리스 여자들은 바다괴물이나 신들이

다 잡아간 건가 하는 생각도 들었다.

HOTE
RESERVA

고대의 신전을 닮은 건물

한낮에 돌아다니다가 어느 건물을 보았다.

교회 같기도 하고 일반 가정집 같기도 한데

구름이 지붕 위에 떠 있어 신비한 기운이 느껴졌다.

고대의 신전을 보는 듯했다.

신과 인간 사이에서 태어난 영웅이

무녀의 예언을 들으러 오는 그런 신전.

여객선 터미널

미코노스 항구에 도착했을 때

커다란 여객선이 막 떠나려는 참이었다.

짐승이 입을 다물 듯 발판이 올라가고

배는 땅을 울리는 큰소리를 내며

서서히 육지에서 멀어졌다.

30분쯤 기다리자 내가 탈 배가 문을 열었고

나도 산토리니 가는 배에 올랐다.

조셉 콘레드 『로드 짐』의 구절과 어울리는 장면이 나타났다.

그 불길하게도 화려한 하늘 아래서 깊고 푸른 바다는 흔들림이나 잔물결, 주름살도 없이 가만히 누웠고, 찐득거리며 한곳에 정체되어 죽은 듯 보였다. 파트나 호는 약간 씩씩거리면서 하늘에 검은 리본 같은 연기를 풀어내는가 하면, 뒤쪽으로는 하얀 리본 같은 거품을 남겼다. 거품은 기선의 유령이 죽은 바다 위에 그린 흔적의 허상처럼 이내 사라져버리곤 했다.

_조셉 콘레드, 『로드 짐』 중에서

Blue
ΠΕΙΡΑΙΕΥΣ

star

산토리니
신항구

항구에 내리자 주위는 온통 바위산이었다.

화산 활동이 활발한 곳이니 온통 용암이 식은 것이리라.

앞바다에도 커다란 바위가 툭 튀어나왔는데

그 앞의 배는 오디세이가 오랜 방황을 끝내고

집으로 돌아오는 것처럼 보였다.

바닷가 절벽

항구는 여러 가게들로 가득했다.

그 뒤는 까마득한 절벽

저런 곳으로 어떻게 올라가나 싶었는데

멀리 산등성이에 힘겹게 올라가는

하얀 차 한 대가 나타났다.

차를 타고 산을 굽이굽이 올라가다 보니

고요하게 반짝이는 바다가 보이다 사라지다 했다.

소설 『이방인』의 구절에 나오는 듯한 장면이었다.

고원의 가장자리까지 가기도 전에 미동조차 하지 않는 바다와 더 먼 곳의 투명한 물에 잠겨 졸고 있는 육중한 곶이 이미 나타났다. 조용한 공기를 가르고 작은 모터 소리가 우리가 있는 곳까지 들려왔다. 아주 멀리 눈부시게 반짝이는 바다 위에서 작은 고깃배가 조금씩 앞으로 나아가고 있었다.

_알베르 카뮈, 『이방인』 중에서

Rent a Car - Moto
KRONOS RENT A CAR
APOLLON CAFFE
INFORMATION CENTER
ACCOMODATION
RENT A CAR
Thrifty
OLLON"
RENT A CAR

황혼과 낮

유명한 이아 마을의 석양을 보러 가니
이미 해가 수면에 잠기기 시작했다.
발걸음을 재촉해서 전망대처럼 생긴 곳에 가자
주위는 온통 사람들 천지.
모두 반쯤 넋이 나간 듯이 황홀하게 바다를 바라보았다.
다음날 낮에 가자 어제 저녁에 보았던 회색 집들이
눈부시게 하얀, 새로운 모습으로 나타났다.

엄청난 갈증으로 으르렁대는 검푸른 바다가 아프리카 해안까지 펼쳐져 있었다, 뜨거운 남풍 리바스가 수시로 불어왔다. 멀리 열사의 사막에서 불어오는 바람. 아침이면 바다에서 수박 냄새가 났고, 한낮이면 안개에 싸인 채 잠잠했는데 가볍게 찰랑이는 물결이 마치 어린 젖가슴 같았다. 저녁이면 바다는 한숨을 내쉬며 장밋빛으로 물들었다가 자주색, 포도주색 그리고 검푸른 색으로 차츰 색깔을 바꾸었다.

_니코스 카잔차키스, 『그리스인 조르바』 중에서

절벽 위의 집들

이아 마을의 집들은 모두 까마득한 절벽 위에 있어서
바다로 쓸려 내려갈 것처럼 아슬아슬하게 매달려 있었다.
실제 이 섬은 지진이 잦아 수십 년 전에도 큰 지진으로
집들이 무너져서 폐허가 되었으니 일어날 수도 있는 일이다.
그렇게 생각하니 집들이 무척 자랑스러워졌다.

파라다이스 비치

숙소가 있는 곳은 매혹적인 이름의 파라다이스 비치였다.

빔 벤더스의 영화 〈파리, 텍사스〉의 분위기가 물씬 풍기는 곳으로

마침 자동차를 타려는 사람을 보니

주인공 트래비스를 보는 것 같았다.

그 뒤의 집들도 너무나 미국 서부풍이어서

잠시 여기가 그리스라는 것을 잊어버렸다.

나는 혼자서, 아무것도 가진 것 없이 낯선 도시에 도착하는 것을 수없이 꿈꾸어 보았다. 그러면 겸허하게, 아니 남루하게 살 수 있을 것 같았다. 무엇보다도 그렇게 하면 '비밀'을 간직할 수 있을 것 같았다.

_장 그르니에, 『섬』 중에서

INFORMATION

크레타의 석양

크레타 섬의 레팀노에서 바닷가의 오래된 성채를 보았다.

그러다가 버스 시간을 착각해서 한참을 기다려야 했다.

그렇지만 덕분에 기억에 남는 석양을 볼 수 있었다.

저녁에 보는 성은 기다란 뱀 대가리처럼 보였다.

수면 위에 뱀이 헤엄치는 것 같은 바위도 발견했다.

『그리스인 조르바』에 나오는 그 밤바다였다.

별이 빛났고, 바다는 한숨으로 조개를 핥았다. 반딧불은 아랫배에다
색정적인 작은 등불을 켰다. 밤의 머리카락이 이슬로 축축해졌다.
나는 해변에 엎드려 아무 말도 생각도 하지 않았다. 조금 있다 나는 밤과
바다와 하나가 되었다. 내 마음은 작은 등불을 켜고 어둡고 습한 대지에 숨어
기다리는 반딧불 같았다.

_니코스 카잔차키스, 『그리스인 조르바』 중에서

비양도

제주의 새끼섬 비양도.

낮은 산위에 올라가자 짙은 구름을 뚫고 햇빛이 쏟아져 내렸다.

하늘에서 태초의 풍경처럼 신비한 빛이 쏟아져 내렸다.

그 옆에는 배 한 척에 몇 사람이 타고 고기를 잡고 있었다.
망망대해에 뜬 배는 마치 노아의 방주처럼 보였다.
화가 터너의 난파선과 폭풍우 치는 바다 그림도 생각났다.
터너의 웅장하고 비극적인 그림들은 윌리엄 쿠퍼의 시도 떠올리게 한다.

우리는 죽었노라, 제각기 홀로
그러나 나는 더 거친 바다 밑에서
그보다 더 깊은 심연에 잠기었노라

_윌리엄 쿠퍼, 〈익사자〉 중에서

터너의 바다

영국의 풍경화가 터너 Joseph Mallord William Turner는

특히 바다를 그리기 좋아했다.

바다에 거의 미친 그는 폭풍이 몰아치는 바다에서

돛대에 자신을 묶어 달라고 부탁하고는

무서운 파도와 바람을 맞으며 몇 시간씩 바다를 관찰하기도 했다.

그는 바다 괴물 세이렌에 맞서는 오디세이였던 것.

터너의 그림 속 바다는 광막하고 무자비하고

그 안의 무서운 운명에 처한 인간은 한없이 나약하다.

그들은 거대한 파도가 집어삼켰다

태연하게 뱉어내는 한갓 조각일 뿐이다.

처연한 하늘도 그 초라한 종말에 무심하기만 하다.

–

터너, 바다의 어부, 1796

-

터너, 난파된 수송선, 1810

-
터너, 노예선, 1840

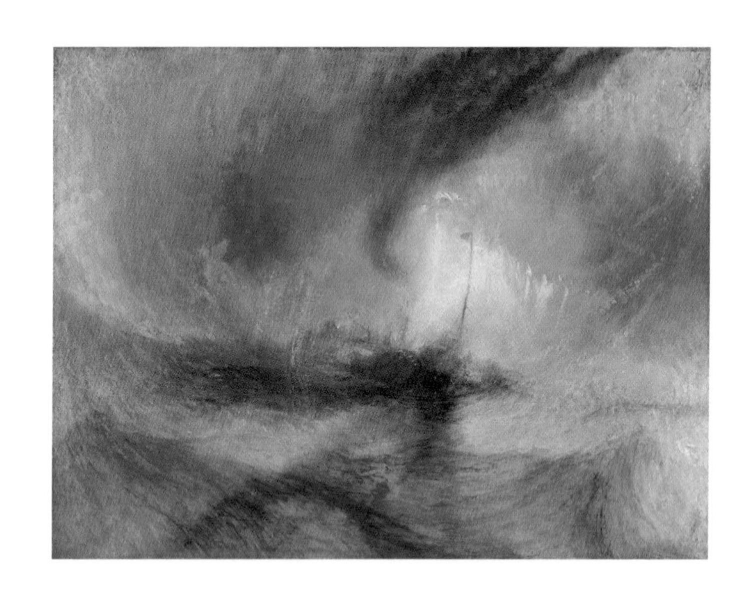

-

터너, 눈보라 : 항구를 나서는 증기선, 1842

-
터너, 노섬벌랜드 해변의 난파선 구조선, 1834

SEA 2

모로코 탕헤르, 충남 대천,
이탈리아 시칠리아,
전북 위도 · 선유도, 네덜란드 스헤베닝언

항구 앞

모로코 탕헤르 항구는 낡고 오래된 곳이다.

보수가 제대로 안 되어서 허물어질 것 같은 건물들

적어도 사오십 년은 된 것 같은 차들이

매연을 뿜고 다니는 길도 여기저기 파인 곳 천지다.

그러나 항구 앞 옛 식민지 시대에 지어진 건물만은

화려한 빛을 잃지 않았다.

그게 오히려 더 처연해 보였다.

HOTEL

대포

길게 뻗은 바닷가에는 오래된 포대가 놓여 있었다.
오백 년도 넘는 옛날에 만들었다는 대포는
여전히 자신의 위용을 뽐내려 애쓴다.
대포 앞에 한 여자가 앉아 있었는데
누군가를 기다리는 듯했다.
그러나 한참을 있어도 사람은 나타나지 않고
그녀는 계속 그 자리에 붙박인 듯 앉아 있었다.

카페로 가는 길

항구에서 바닷가 절벽 위에 있다는 카페를 찾아갔다.

도중에 사기꾼 가이드를 만나 바가지를 쓰고 투덜거리며 가는 길

바다가 보이는 골목에는 아이들이 왁자지껄 떠들고 있었다.

무슨 놀이를 하는 건지 보이지 않았지만 내 어릴 적 생각이 났다.

카페 하파

탕헤르의 바닷가 절벽에는 유명한 카페 하파가 있다.

비틀스와 롤링 스톤스도 가끔 놀러왔다는 곳

그들도 층층 계단의 저기 어디쯤 앉아서

물끄러미 바다를 바라보았을 것이다.

물담배를 빨며 연기 속에 빠졌으리라.

혼자 온 여자가 개와 같이 앉아 있었는데

개도 주인처럼 아무 말도, 움직임도 없었다.

카페 하파는 고양이들의 천국이다.

곳곳에 고양이가 웅크리고 있어서

고양이의 카페에 온 기분이 든다.

차를 다 마실 때쯤이면

유령처럼 나타나서는

탁자 위에 올라가 앉는다.

이제 여기는 내 자리라는 듯이.

나중에 항구 근처로 갔더니

사람들도 밀항이라도 하려는 듯

바다만 바라보고 서 있었다.

카페에서 본 고양이처럼.

아마 다른 사람이라면 이런 것들이 유혹이 안 될지 모르지만, 나는 머나먼 곳에 있는 것들을 향한 끝없는 갈망에 시달린다. 금단의 바다를 항해하고 야만의 바닷가에 내리고 싶다.

_허먼 멜빌, 『모비 딕』 중에서

기념사진

1995년쯤이었을 것이다.

처음으로 제대로 된 카메라와

코닥의 슬라이드 필름을 챙겨들고 대천으로 갔다.

연인으로 보이는 남자가

여자의 사진을 찍는 것을 보았다.

봄날 바람은 좋았고

바다에는 윈드서핑하는 사람들도 있었다.

폭죽

포장마차에 불이 들어오면
사람들이 떠난 모래밭에선
폭죽이 터졌다.
피웅~~파앙!

유령처럼 해변의 유흥가를
어슬렁거리던 사람들은
하릴없이 불꽃에 모여들었고
어둠이 찢어지고
갈 곳 없음의 구실이 생겼다.

바닷가 역

시칠리아의 에트나 화산에 가까이 가는 기차를 타기 위해
역에 가니 바로 코앞이 바다였다.
플랫폼 앞에 바다가 이렇게 가까운 곳도 흔하지 않다.

나는 개인적으로 인생에서 실존적으로 본질적인 일은 걸어서 할 것이다.
네가 영국에 살고 있는데 여자 친구는 시칠리아에 있다고 하자. 만일 그녀와
결혼하고 싶다면 너는 프러포즈를 하기 위해 시칠리아까지 걸어야 한다.
이런 일을 위해 차나 비행기로 여행하는 것은 바람직한 일이 아니다.

_ 영화감독 베르너 헤어조크의 인터뷰 중에서

BRONTE

기차는 퇴락한 마을과 역들을

천천히 지나쳤다.

내리는 사람도 타는 사람도 거의 없어

적막하기까지 한 역들이 계속 지나갔다.

역은 사람을 거부하는 것 같았다.

소설가이며 놀라운 여행가였던

로버트 루이스 스티븐슨이 말한 그런 역이다.

나는 기차 여행의 주된 매력이 여기에 있다고 본다. 기차는 우리를 목적지로 데려간다. 스쳐 지나가는 풍경을 거의 방해하지 않으면서. 그래서 우리의 마음은 그 지방의 차분함과 정적으로 가득 차게 된다. 날 듯 달리는 차량 안에 우리가 머무르는 동안 상념은 기분이 내키는 대로 인적이 드문 정거장에 내린다.

_로버트 루이스 스티븐슨, 『질서 있는 남쪽』 중에서

닻의 무덤

전북 부안, 서해의 위도 갯벌에서 내동댕이쳐진 무수한 닻을 보았다.

눈부신 하늘 아래 전쟁터, 녹슬고 그을린 시체들.

이렇게 처참한 바다라니.

동토의 시베리아를 달리는

맘모스 뼈다귀들을 보았다.

내장을 발라낸 바다.

나는 끓는 물로 가득찬 바다에 빠진 것 같다.

왜 나는 익사하지도 않는가?

아무도 나를 도와주지 않는다.

_작곡가 아놀드 쇤베르크의 인터뷰 중에서

노인과 바다

서해의 저녁, 군산 선유도 바닷가에는
배들이 패잔병처럼 누워 있었고
어떤 노인이 차양 같은 것을 말았다.
그는 무척 말이 없었는데, 검붉게 탄 얼굴을 보니
소설 『노인과 바다』의 산티아고 노인이 생각났다.

그는 걸프 해류에서 조각배를 타고서 혼자 고기를 잡는
노인이었고, 고기를 한 마리도 잡지 못한 날이 84일째였다.

_헤밍웨이, 『노인과 바다』 중에서

소설 첫 부분으로는 가장 마음에 드는 문장.

노인은 폭풍우, 여자들, 대단한 사건들, 거대한 물고기, 사람들의 싸움, 힘겨루기 시합, 자신의 아내 같은 것을 꿈꾸는 일은 없었다. 자기가 배를 타고 다녔던 곳과 해변에서 어슬렁거리는 사자들 꿈만 꾸었다. 사자들은 석양이 지는 무렵에 어린 고양이들처럼 뛰어놀았고, 그는 소년을 사랑하듯 사자들을 사랑했다.

_헤밍웨이, 『노인과 바다』 중에서

조금 있다가 노인의 꿈에 나올 법한

하늘이 얼굴을 내밀었다.

그의 꿈처럼 서늘한 하늘이.

오래전 새벽녘 속초에 도착했을 때

해변에는 사람이 아무도 없었고

하늘에는 새도 날지 않았다.

비현실적인 빛에 숨도 크게 쉬지 못했다.

스헤베닝언 해변

네덜란드 스헤베닝언은 화가 반 고흐가 그림을 그렸던 곳이다.

그는 헤이그에서 같이 살던 매춘부 출신의 시엔과 함께

여기에 자주 와서 바다 풍경을 그렸다.

1882년 6월에서 8월까지였다.

그때가 고흐 생애에 가장 행복했던 순간이다.

현재 해변은 고흐 그림의 풍경과는 많이 다르다.

고흐가 그림을 그릴 당시의 어촌이 지금은

헤이그 인근의 인기 휴양지가 되었기 때문이다.

큰 모래 언덕도 사라지고 고기잡이 배들도 없다.

바다로 길게 난 다리가 약간 을씨년스러운 과학기지처럼 보였다.

BEACHCLUB

고흐의 바다

고흐 Vincent van Gogh는 네덜란드 헤이그에 살던 무렵

근처 바닷가 스헤베닝언으로 짧은 여행을 떠나

바닷가 숙소에 며칠 머물면서 바다를 그렸다.

그는 바닷바람을 타고 캔버스에 날아드는 모래를 연신 닦아내며

몇 점의 유화와 수채화, 데생을 남겼다.

그의 그림 속 19세기 말 스헤베닝언 해변은

고깃배가 들어오고, 해변에는 빨래가 널려 있고

사람들은 당나귀를 타고 돌아다닌다.

고깃배를 마중 나온 사람들 주위를

중절모와 드레스 차림의 관광객들이 배회한다.

현재의 바닷가는 다소 삭막한 곳이 되었지만

고흐는 여전히 여길 찾을 것 같다.

–

고흐, 스헤베닝언 해변의 표백장 풍경, 1882

-

고흐, 스헤베닝언 해변에서 보는 바다, 1882

고흐, 수레를 끄는 스헤베닝언 여자, 1883

-

고흐, 스헤베닝언 해변, 1882

-

고흐, 스헤베닝언 당나귀 묶어놓는 곳, 1882

–

고흐, 고요한 날 스헤베닝언 해변, 1882

SEA 3

제주 우도 · 마라도 · 가파도,
스페인 산 세바스티안, 프랑스 도빌 · 트루빌

우도 천둥소리

자전거를 타고 우도의 마을길을 달렸다.

퇴락해서 곧 무너질 것 같은 집과 교회가 나타났다.

어디선가 천둥소리가 나고 주위가 순식간에 어두워졌다.

이런 극적인 변화가 무섭지 않고 오히려 자연스러웠다.

먹구름

수많은 조개껍질이 깨어져 만들어진

우도 백사해수욕장이란 곳에 갔다.

검푸른 구름이 산에서부터 몰려오더니

잠시 후 소나기가 쏟아졌다.

여름의 우도에선 이런 구름을 자주 보았는데

바로 머리 위에 닿을 듯 낮게 내려앉았다.

우도의 구름

우도에서는 갈 때마다 극적인 구름을 보았다.

음울한 태풍의 징조 같은 구름

하늘에 눈송이가 박힌 듯 점을 찍은 구름

파도처럼 달려드는 구름 등등.

우도의 소

마라도의 말과 우도의 소.

장난처럼 키우기 시작한 것인지 모르지만

두 섬을 떠올릴 때면

항상 생각나는 동물들.

어떨 때는 그들이 섬의 주인 같다.

마라도의 말

우도의 소처럼 마라도에는 말이 있다.

말은 어디 뛸 곳도 없이 울타리에 갇혀 있다.

말은 자신이 어디 있는지 알까?

가파도

제주에서 다시 배를 타고 도착한 가파도.

먼 바다를 건너온 바람이 어디 막히는 데도 없이 지나갔다.

바닷가에 많이 있는 하얀 집들도 여기서는 바람의 색깔을 닮았다.

3월 말의 섬은 스무 명도 안 되는 관광객만 내려놓았다가 금방 데려갔다.

보리는 아직 영글지 못하고 꽃도 겨우 피기 시작했다.

바람 속에 섬이 깨어나고 있었다.

산 세바스티안의 석양

스페인 북쪽 바닷가 산 세바스티안에서는 특이한 석양을 보았다.
노을이 지는 태양이 수면 아래로 곧 잠길 듯하다가도
끝내 가라앉지 않고 수평선 위에 계속 떠 있었다.
내가 바닷가 긴 산책로에 도착했을 때 수평선 석양이
한 시간이 넘어도 계속 똑같은 상태로 빛났다.
2km 정도 걸어서 산책로가 구부러지는 곳에 가자
멀리 산 위에는 호텔이 연회를 여는 성처럼 불을 밝히고 있었다.

나는 가련다. 저곳으로. 활기찬 나무와 남자가
작열하는 태양 아래 오랫동안 행복에 빠져 있는 곳
거센 머리채여, 나를 데려갈 물결이 되어다오!
칠흑 같은 바다여, 그대는 눈부신 꿈을 꾸고 있다
돛과 사공과 불꽃과 돛대의 꿈을

_보들레르, 〈머리 타래〉 중에서

산 세바스티안의 구름

다음 날 아침 언덕에 올라가자

어제 산책로에서 보았던

산 위의 호텔이 나타났다.

하늘에는 머리에 뿔이 난 것 같은 구름이 떴다.

보들레르의 시에 나오는 것 같은 구름.

-그래! 그렇다면, 너는 도대체 무엇을 사랑하느냐, 불가사의한 이방인이여?

-나는 구름을 사랑하오…… 흘러가는 구름을……

저기저기 …… 저 찬란한 구름을!

_보들레르, 〈이방인〉 중에서

천국의 문

언덕에는 성채와 작은 돌담, 계단이 많았다.

봄빛에 보는 바다와 하늘에 눈이 부셨다.

성채를 돌아가자 돌로 만든

작은 탑과 문이 모습을 드러냈다.

문은 마치 천국으로 들어가는 입구 같았다.

남과 여

1960년대 프랑스 영화 〈남과 여〉의 무대가 된

노르망디 지방의 바닷가 휴양지 도빌.

안개가 자욱하게 낀 아침에

말을 타거나 경주용 마차를 모는 사람들을 보았다.

근처에 경마장이 있는데 말 훈련을 나온 것일 게다.

안개 속을 달리는 사람들을 보니

《맥베스》의 마녀들이 소리치던 구절도 떠올랐다.

"아름다운 것은 추한 것, 추한 것은 아름다운 것

안개 낀 더러운 대기 속을 날아다니자"

영화 〈남과 여〉에서는 학교 기숙사에 맡겨놓은 아이들을

매주 찾아오는 남자와 여자가 만나게 된다.

둘 다 사고로 부인과 남편을 잃었는데

여자는 남자를 사랑하게 되지만

죽은 남자를 여전히 쉽게 잊지 못한다.

해변의 영화감독들

해변에는 탈의실 같은 곳이 줄지어 서 있었다.

여기에 영화감독이나 배우들 이름이 새겨 있는데

반가운 이름들도 몇몇 발견했다.

브라이언 드 팔마, 우디 알렌, 압바스 키아로스타미,

안드레이 타르코프스키 등등.

나무다리

바다로 빠져들듯 길게 뻗은 트루빌의 나무다리.

바로 옆 녹색등대 다리가 있는 곳은 도빌이다.

해가 지는 늦은 시간인데도 배가 나갔다.

배는 밤을 새워 어디로 가는 것일까 궁금했다.

트루빌의 바닷가

기울어진 급수대
아무도 타지 않는 미끄럼틀
봄 바다의 주인들.

불안한 걸음의 노인
개를 데리고 온 젊은 여자들이
잊지 않고 방문한다.

나중에 『그리스인 조르바』를 읽다가 이 모래밭에 앉아서
나도 같은 동작을 한 것이 생각났다.

오후에 나는 밝고 고운 모래를 한 줌 쥐었다가 손가락 사이로 흘리며 따뜻하고 부드러운 감촉을 음미했다. 손은 마치 우리 인생이 모래처럼 새어 나가다가 결국 사라지고 마는 모래시계 같았다. 손 자체도 사라져갔다. 나는 바다를 바라보다가 조르바의 목소리를 들었는데 그런 순간은 관자놀이가 뻐근해지도록 행복했다.

_니코스 카잔차키스, 『그리스인 조르바』 중에서

만조

노르망디의 바다도 조수간만의 차가 심해서

밀물이 들어오면 바닷가는 질식을 한다.

무수한 막대기들만 숨을 들이쉬느라 바쁘다.

랭보의 바다

바닷가에서 요트를 마주보고 선 사람에게서는
배를 타고 몹시도 떠나고 싶은 열망이 느껴졌다.
랭보의 시를 읽다가 젊은 날 모든 것을 버리고
아프리카로 훌쩍 떠난 그의 바다가 생각났다.

나는 갔네, 터진 주머니에 주먹을 쑤셔 넣고
내 외투도 이상적인 상태지
하늘 밑을 걸었고, 뮤즈여, 나는 당신의 충복
아, 나 얼마나 찬란한 사랑을 꿈꾸었던가!

_랭보, 〈나의 방랑〉 중에서

너의 귓속에서 장밋빛으로 우는 별

목덜미에서 허리까지 하얗게 흐르는 무한

진홍의 젖꼭지에서 갈색 진주가 되는 바다

지존의 옆구리에서 검은 피를 흘리는 인간

_랭보, 〈장밋빛으로 우는 별〉 중에서

인상파의 바다

프랑스 북부 노르망디는 파리에서 가까워

파리 시민은 물론 화가들도 많이 찾는 바닷가였다.

그중에서 가장 많은 작품을 남긴 것은 인상파 화가들.

모네Claude Monet와 그의 스승이었던 부댕Eugene Boudin뿐 아니라

자연을 혐오하는 편이었던 드가Edgar De Gas 조차

바닷가 그림을 그릴 정도였다.

놀랍게도 그림 속 트루빌과 도빌의

나무다리와 판잣길은 여전히 살아있다.

모래사장에서 망중한을 즐기는 사람들의 모습도 그대로다.

가끔은 그림과 현실이 혼동된다.

부댕, 도빌 해변, 1863

-

부댕, 도빌 부두, 1869

-

부댕, 도빌 선창가, 1890

-

드가, 해변에서, 1876

모네, 트루빌 항구 입구, 1870

모네, 생타드레스 해변, 1867

모네, 트루빌의 판잣길, 1870

SEA 4

아드리아해, 슬로베니아 피란,
몬테네그로 페라스트 · 코토르

할아버지와 손녀

아드리아해의 슬로베니아 피란의 항구를 걷다가

어떤 할아버지와 손녀를 만났다.

노인은 웃통을 벗은 채 배에서 뭔가를 하고 있었고

아이는 자기 옷 색깔과 똑같은 색의

물고기 그림이 그려진 통을 든 채 꼼짝 않고 기다렸다.

노인이 줄을 당겨 가까이 다가왔는데

꽤나 느린 동작이 지루한지 아이는 조금 입이 나왔다.

할아버지가 잡은 물고기라도 받으러 온 것일까.

PI-775

SLO

방파제의 소녀

피란의 방파제에는 일광욕을 즐기는 사람이 여럿 있었다.

물속에 뛰어들기보다는 햇볕을 택한 사람들이다.

한 소녀가 커다란 밀짚모자를 쓴 채

한쪽 다리를 세우고 앉아 있는 모습이

소설 속 롤리타나 발튀스의 그림 속 소녀를 생각나게 했다.

늦은 오후의 바닷가 소녀에게서 『이방인』의 장면도 떠올랐다.

일광욕하는 여자

그 옆에는 수영복을 입고 엎드린 여자도 있었다.
좋은 꿈이라도 꾸는지 약간 미소를 짓고 있는 그녀는
옆의 소녀와 함께 초현실적인 느낌마저 나게 했다.
두 사람은 어딘가 먼 곳에 같이 가 있는 것 같았다.

해변은 바위로 둘러싸여 있었고 육지와 닿은 쪽으로는 갈대가 자라 있었다. 오후 4시의 태양은 너무 뜨겁지는 않았지만 잔잔한 파도가 길고 나른하게 일렁이는 바닷물은 미적지근했다. 마리는 내게 놀이를 하나 가르쳐 주었다. 그 놀이는 헤엄을 치면서 파도 마루의 물을 삼켜서 입안에 거품을 잔뜩 만든 다음에 물 위에 누워 하늘을 향해 거품을 뿜어내는 것이었다. 그러면 물은 거품의 레이스가 되어 공중에서 사라지거나 미지근한 비가 되어 얼굴에 쏟아져 내렸다.

_알베르 카뮈, 『이방인』 중에서

가라앉지 않는 바위

저녁의 해변에는 낮의 햇빛에 하얗게 질려있던 바위들이
여러 색으로 물들기 시작했다.
르 클레지오의 글을 읽다가 이곳의 수평선이 생각났다.

그곳에는 수평선의 법칙, 몸을 끌어당기고 하늘과 바다의 불안정한 공간을
잡아 묶는, 단 하나의 단단한 줄인 아주 길고 가냘픈 법칙이 있었다.

_르 클레지오, 『어린 여행자 몽도』 중에서

해수욕하는 가족

해가 넘어가는 시각에도 날은 여전히 무더워서

해수욕하는 가족이 여럿이었다.

어린아이를 데리고 온 엄마는 분주하게 바다를 드나들었고

엄마와 온 아이 역시 아직 집으로 갈 생각이 별로 없는 것 같았다.

해변을 쭉 걸어가자 방파제가 나오고

더 걸어가자 등대가 하나둘 나타났다.

바다로 난 방파제에는 낚시를 하는 사람들이 보였다.

그 주위를 제트보트가 돌아가기도 했다.

요트장

항구 쪽으로 가자 요트장이 있었다.

큰 돛대를 단 요트와 작은 보트, 고무보트 등

다양한 배들이 빽빽하게 정박해 있었다.

이곳은 배들의 침대.

배의 숨소리가 들리는 듯했다.

피란 항구

피란 항구는 베네치아 분위기가 물씬 났다.

저무는 태양빛에 바다가 물들고

건물들이 물들면서 항구는 점점 더 아름답게 변해갔다.

항구에 관한 글을 읽다가 이곳을 떠올렸다.

항구는 삶의 투쟁에 지친 영혼에게는 매력적인 휴식처다. 끝없이 펼쳐지는 하늘, 움직이는 건축 구조 같은 구름, 온갖 색으로 변하는 바다의 색깔, 반짝이는 등대 등. 항구는 지치지도 않고 눈을 즐겁게 하기엔 아주 훌륭한 프리즘이다.

_보들레르, 〈항구〉 중에서

페라스트

몬테네그로의 페라스트는 인공섬이다.

사람들은 코토르만에서 이어지는 호수 위에

두 개의 섬을 만들고 그 위에 성당과 수도원을 지었다.

인공적이지만 몹시 자연적인 것

그게 페라스트의 매력이다.

섬 위의 성당

작은 배를 타고 도착한 섬의 선착장
작은 등대와 바닥이 햇빛 때문에 하얗다.
위아래에서 쏟아지는 빛이 어지럽다.
성당의 우아함은 성모의 현현을 보는 것 같다.
햇빛을 피해 안으로 들어갔다.
창가 화분은 마리아의 뒷모습을 방불케 했다.
배를 타고 돌아온 선착장 근처에서는
일광욕을 하는 사람, 그리고 그 앞에서 수영하는 사람을 봤다.
나중에 시를 읽다가 이곳을 떠올리게 되었다.

그곳엔 모든 것이 질서와 아름다움
사치와 고요, 그리고 쾌락뿐

_보들레르, 〈여행으로의 초대〉 중에서

코토르

몬테네그로는 검은 산이라는 나라 이름답게

온통 산으로 덮인 나라였다.

항구 뒤에도 높은 산이 가로막혀 있는데

그 위에는 성벽이 쌓여 있었다.

감히 올라갈 엄두가 나지 않을 만큼 높은 성벽은

저녁이 되자 조명이 들어와서 휘황찬란하게 빛났다.

아이스크림

바닷가 산책로에는 아이스크림 가게가 있었다.

여자 아이가 아버지와 같이 왔는데

아이는 주문한 아이스크림을 받으면서도

유리 안에서 유혹하는 다른 것들을 쳐다보고 있었다.

초코와 딸기, 체리, 아몬드 맛도 먹고 싶어 하는 것처럼.

물놀이하는 사람들

백사장에서 일광욕을 즐기는 사람들.

그 중에는 누워서 선글라스를 끼고

책을 보는 사람도 있었다.

그들을 보니 쇠라의 그림 속

물놀이하는 사람들과 바닷가가 생각났다.

쇠라의 바다

점묘파 화가 쇠라Georges Pierre Seurat도 바다에 매혹되었다.

파도가 만드는 수천 개의 물방물들이

허공을 떠돌다 그의 그림 속으로 내려왔다.

물방울은 햇빛의 화려한 스펙트럼을 훔쳐왔다.

서로 밀어내고 당기면서 환영을 만들어낸다.

나른하게 건반을 두드리고 마법사의 길에

기꺼이 몸을 던져 부서진다.

길 끝에 이름 없는 성이 있다.

–

쇠라, 아니에르에서의 물놀이, 1884

–

쇠라, 방파제 끝, 1886

-

쇠라, 베쌍 항구, 기중기와 길, 1888

\-

쇠라, 옹플뢰르의 마리아호, 1886

쇠라, 옹플뢰르 항구 입구, 1886

쇠라, 베쌍 항구 앞, 1888

–

쇠라, 그라블린 수로, 1890

SEA 5

터키 이스탄불, 충남 서해 · 안면도,
제주도, 프랑스 페캉, 미국 뉴욕

보스포루스 해협

보스포루스 해협을 다니는 배가 출발하자
웨이터가 돌아다니면서 차 주문을 받았다.
밖에는 쌀뜨물마냥 희멀건 비가 내렸고
물 위에 잔주름이 생겼지만
스크류의 진동에도 차는 흔들리지 않았다.
찻잔과 물결 사이에서 시선은 길을 잃었다.
어디에 머물러야 하나.
나중에 책을 읽는데 이 장면이 떠올랐다.

그러나 진정한 여행자는 오직 떠나기 위해
떠나는 자, 마음도 가볍게 풍선처럼
주어진 운명을 빠져나가지도 못하면서
이유도 모르면서 늘 "가자"고 외친다

_보들레르, 〈여행〉 중에서

오전 내내 간간이 비가 내렸다.

날씨 탓인지 승객들은 다 조금씩 침울해 보여서

그리스처럼 유쾌하게 말을 건네는 사람도 없었다.

선실 안에서 애플티를 홀짝이면서 창밖을 보니

양쪽으로 유럽과 아시아의 땅이 지나갔다.

조금 답답해서 선실 밖으로 나오자 거대한 다리가 나타났다.

두 대륙을 잇는 아주 긴 다리였다.

배를 타고 두 대륙을 동시에 본다는 것이 실감이 잘 나지 않아서

배 양쪽을 이리저리 오갔는데

한쪽에선 약간 슬퍼 보이는 남자를,

다른 쪽에선 마치 기도라도 하듯이

서 있는 여자를 보았다.

마르마라 해

이스탄불에서 부르사를 가기 위해 다시 배를 탔다.

배가 지나는 곳은 마르마라 해.

여기에서 동쪽이 아시아로 통하는 흑해고

서쪽이 유럽으로 이어지는 에게 해다.

여기에서 고대 페르시아와 그리스 배들이 전쟁도 했다.

구명튜브 너머의 배가 어쩐지 전함처럼 보이기도 했다.

밖으로 나오자 여기도 역시 전부 남자들만 있었다.

관광객이 거의 없어서 더욱 그랬는데

갑판을 돌다 보니 머리에 히잡을 쓴 여자 한 명이

혼자 의자에 조용히 앉아 있을 뿐이었다.

서해 여객선

터키에서와 비슷한 여객선을 서해에서 탔다.
8월의 끝자락 휴가철도 막바지라 승객도 훨씬 적었고
뒤늦은 휴가를 가는 사람만 몇 명 있을 뿐이었다.
날씨가 너무 화창해서 하늘이 비현실적으로 맑았고
바다는 거짓말처럼 고요하고 평화로웠다.
소설 『로드 짐』에 나오는 바다 같았다.

'어쩌면 배가 이렇게 꾸준히 항해할 수 있을까!' 짐은 이렇게 생각하며 놀라워했다. 너무나 평화로운 바다와 하늘에 일종의 감사를 느꼈다. 이런 때면 그의 생각은 용감한 행위로 가득 차곤 했다. 그는 그런 꿈이며 상상 속의 업적을 사랑했다. 그런 것들은 삶의 가장 좋은 부분이며 비밀의 진실, 숨겨진 현실이었다.

_조셉 콘레드, 『로드 짐』 중에서

안면도

봄에 안면도에 갔을 때는

거품이 밀려오는 바닷가에서 깨어진 돌을 보았다.

돌은 부서진 꿈의 잔해처럼 보였다.

그는 축축한 모래밭에 앉아 거의 하늘 한복판까지 떠오른 바다를

바라보았다. 바로 그 순간을 꿈꿔왔다…… 그곳은 이제 그의 바다였다.

오직 그만의 바다였고, 이제 그곳을 결코 떠날 수 없으리라는 것을 알았다.

_르 클레지오, 『어린 여행자 몽도』 중에서

용암 자국

제주의 해변에는 용암이 식어
굳어진 흔적이 여기저기 널려 있다.
검게 눌러 붙은 돌 사이 하얀 자국은
진흙이나 소금의 결정처럼 보였다.

바닷가 절벽

프랑스 노르망디의 페캉 바닷가는 온통 조약돌로 덮여 있고
해변 양쪽에는 커다란 절벽이 서 있다.
특히 왼쪽 절벽이 더 크고 끝이 보이지 않을 정도로 긴데
중간에 눈부시게 빛이 쏟아져 내리는 것이 보였다.
가까이 가서 보니 해변으로 떨어지는 폭포였다.
물은 그리 많지 않았지만 전혀 예상치 못했던 풍경이라
굉장히 낯설게 느껴졌다.
나중에 해질녘에 다시 갔을 때 낮에는
잘 보이지 않던 절벽의 끝이 조금씩 드러났다.

페캉의 나무다리

트루빌과 도빌처럼 이곳에도 나무다리가 있다.

하지만 이곳은 수로가 도시 안으로 길게 나 있어서

그 위로 다리가 놓이다 보니 굉장히 길고

이 다리들이 여기저기서 교차하기도 한다.

바다 쪽으로 가자 등대가 보였는데

이것들은 꼭 에드워드 호퍼의 그림에 나오는 등대 같았다.

스테이튼 아일랜드 페리

맨해튼에서 스테이튼 아일랜드로 가는 페리 터미널은 사람들로 많이 붐볐다.

출퇴근 시간도 아닌데 이렇게 사람이 많은 것은 관광객들 때문이리라.

물가 비싼 뉴욕에서 무료로 운행되니 더욱 사람이 몰릴 것이다.

30분쯤 기다려 선착장으로 가다 보니

높은 곳에서 내려다보며 이야기를 나누는 선원들이 보였다.

구명 튜브 앞에 서 있던 선원은 마치 키를 잡은 선장처럼 보였다.

뉴욕 앞바다

배가 출발하고 조금 있다가 자유의 여신상이 점점 다가왔다.

거대한 조각상은 사막의 신기루처럼 멀리서 어른거리기만 했다.

반면에 돌아오는 길에 보이는 맨해튼은

점점 커지며 자신의 실체를 명확히 드러냈다.

허먼 멜빌의 『모비 딕』에 나오는 바로 그 풍경이 나타났다.

저기, 산호초를 몸에 두른 인도의 섬들처럼 부두에 둘러싸이고 교역의 파도에 에워싸인 당신들의 도시 맨해튼이 있다. 오른쪽으로 가거나, 왼쪽으로 가도 길은 물가로 이어진다. 도시 끝자락엔 포대가 있고 그곳의 웅장한 방파제에는 몇 시간 전까지만 해도 육지라곤 구경해 본 적이 없는 파도가 와서 부딪쳤다. 바람이 차갑다. 거기서 바다를 응시하는 사람들을 보라.

_허먼 멜빌, 『모비 딕』 중에서

호퍼의 그림 같은

맨해튼의 빌딩 숲 앞에 있는 커다란 데크에서는

사람들이 긴 의자에 앉아 일광욕을 즐기고 있었다.

순간 호퍼의 그림 속으로 들어온 것 같은

착각이 들 정도로 그들의 모습이 비슷했다.

뉴욕에서 만난 가장 편안한 순간 중의 하나였다.

호퍼의 바다

현대 대도시의 황량한 풍경 속

고독을 그린 화가 에드워드 호퍼 Edward Hopper도

바다에 매혹되기는 마찬가지였다.

그는 자연 풍경을 많이 그리지 않았지만

유독 바다를 좋아했던 이유는

도시의 답답함을 벗어나

해방감을 느끼고 싶었는지도 모른다.

그의 바다에는 인상파의 바다 그림처럼

일광욕을 하거나 요트를 타는 등

한가하게 휴가를 즐기는 사람들이 많지만

말년에 그린 바닷가 방 그림에서는

그가 즐겨 그렸던 쓸쓸한 방이

마침내 도시를 떠나 바다에 도착해 있다.

그리고 방은 배가 되어 바다를 항해한다.

방이 바다를 만나는 가장 아름다운 장면이다.

SEA 6

튀니지 카르타고,
베트남 하롱베이, 프랑스 에트르타

카르타고 가는 길

튀니지 바닷가에 있는 카르타고.

이 고대의 도시를 가기 위해서 열차를 탔다.

기차역 이름에 한니발이 들어 있어서 반가웠다.

예상과 달리 역은 너무 한적해서

플랫폼에 앉아 있는 사람 한 명뿐이었다.

قرطاج حنبعل
CARTHAGE HANNIBAL

바닷가 유적지

바닷가 로마 유적지 언덕 위에서는 멀리 산과 바다가,

아래쪽으로는 건물 잔해와 조각상들이 보였다.

모두 머리가 없는 조각상들은 기이한 느낌을 주었다.

동행한 가이드는 나체의 조각상을 가리키며

베르길리우스라고 알려 주었다.

다리와 팔, 목이 다 잘려나간 채

바다를 배경으로 서 있으니

바다에 모든 것을 바친 제물처럼 보였다.

보들레르가 아프리카를 읊은 시가 생각났다.

나른한 아시아, 타오르는 아프리카

거의 사라져버린 이곳에 없는 아득한 세계가 고스란히

그대 깊은 곳에 살아 있구나, 향기로운 숲이여!

_보들레르, 〈머리 타래〉 중에서

모자이크

그 옆에는 색이 바랜 모자이크 조각들이 많았다.

아직 복원이 이루어지고 있는지 작업 중인 사람들도 보였다.

온갖 새와 동물, 사람이 한데 어울려 있는 바닥은

카르타고인들의 천상의 세계였다.

시디부사이드 호텔

시디부사이드 호텔은 바로 바닷가 앞에 있었다.

방에서는 오른쪽으로 긴 백사장과

껑충 큰 야자수 몇 그루, 백색의 황량한 건물들이 보였다.

그리고 왼쪽으로는 커다란 텐트 같은 구조물이 있었는데

저수조 같기도 하고 지붕 같기도 했다.

어쩐지 몹시 낯선 곳에 왔다는 기분이 들었다.

나중에 장 그르니에의 글을 읽다가 이곳의 지명을 발견했다.

Restaurant de la mer

과연 어떤 풍경들, 이를테면 나폴리의 해안, 시디부사이드의 꽃이 핀 테라스는 죽음에의 끝없는 권유와도 같은 것이다. ……(중략) 가장 아름다운 관광지와 해변에는 무덤들이 있다. 그곳에 무덤들이 있는 것은 우연이 아니다. 거기서는 젊은 나이에 자신들의 내부로 쏟아져 들어오는 엄청난 빛을 보고 그만 질려버린 사람들의 이름을 읽을 수 있을 것이다.

_장 그르니에, 『행운의 섬들』 중에서

바닷가 의자

시디부사이드 바닷가 산책로에는

체호프의 소설 『개를 데리고 다니는 여인』에

나오는 것 같은 여자들이 걸어다녔다.

거기에서 파란색 의자도 발견했다.

지금까지 본 바닷가 의자 중에 가장 강렬한 색이었다.

작열하는 태양은 소설 까뮈의 『이방인』에 나오는 바로 그 태양이었다.

파도 소리는 정오 때보다 더욱 더 약하고 느려졌다. 아까와 똑같은 태양, 똑같은 모래 위의 똑같은 빛이 그곳까지 이어져 들어왔다. 낮이 더 이상 꿈쩍도 하지 않은 지 벌써 두 시간이나 되었다. 두 시간 동안이나 낮은 끓어오르는 금속의 대양 속에 닻을 던지고 있는 중이었다. 줄곧 아랍인에게서 눈을 떼지 않고 있던 터라 나는 수평선으로 작은 배가 지나가는 것을 얼추 내 시선 끝에 잡히는 작은 점의 형태로 보게 되었다.

_알베르 카뮈, 『이방인』 중에서

하롱베이로 가는 배

하롱베이로 가려고 하노이에서 버스를 타고 가다가
베트남 국기가 걸려 있는 휴게소에 들렀다.
붉은 바탕의 노랑별이 무척 강렬했다.
항구에 도착하니 당나라시대를 배경으로 한
사극에 나올 법한 모습의 배들이 가득했다.
유엔군과 비슷한 구성의 각국 여행객들을 태운 배는
용이 나온다는 수많은 섬들을 지나갔는데
카리브해의 해적이 출몰해도 어울릴 만큼 복잡했다.
나중에 이 시를 읽다가 이곳을 떠올리게 되었다.

우렁찬 항구에서 내 영혼은 힘껏
들이마신다, 향기와 소리와 색깔을
황금빛 물결 위로 미끄러지는 배들은
거대한 두 팔 벌려 껴안는다
영원한 열기 흔들리는 순수 하늘의 영광을

_보들레르, 〈머리 타래〉 중에서

에트르타

저녁의 프랑스 에트르타 해변에선 자갈소리가 났다.

파도가 밀려와서 자갈 사이를 빠져나가 다시 바다로 돌아가고

작은 자갈들이 파도에 이리저리 구르는 소리가 적당히 조용했다.

사람도 거의 없어서 내가 걷는 발자국 소리도 고스란히 들을 수 있었다.

절벽이 차츰 어두워지고 조금 있다 불이 들어오자 옅은 녹색이 되었다.

버지니아 울프의 소설 『등대로』에 이런 구절이 나온다.

날이 저물어 바다에서 푸른빛이 빠져 나가자 불빛은 거친 파도를 조금 더 밝은 은색으로 물들였고, 순수한 레몬빛 파도 속에 뒹굴었다. 휘어진 파도가 몸집을 부풀려 해변에서 부서지자, 그녀의 눈 속에서도 황홀감이 폭발했고, 순수한 환희의 파도가 정신의 밑바닥을 내달렸다. 이걸로 충분해, 이걸로 충분해! 하는 느낌이었다.

_버니니아 울프, 『등대로』 중에서

아몽 절벽

바닷가 오른쪽은 아몽절벽, 왼쪽은 아발절벽이다.
걸어갈수록 건너편에 멀리 보이는 아발절벽이 점점 커져갔고
코끼리를 닮은 형상은 볼수록 신기했다.
에트르타를 숱하게 그린 모네도
이 절벽에서 그림을 그리곤 했다.
버지니아 울프의 『등대로』에는 이런 장면이 나온다.

캔버스에 붓으로 한 획을 긋는 행위는 무수한 위험들에 뛰어드는 것을,
돌이킬 수 없는 결정을 하는 것을 뜻했다. 머릿속에서는 단순해 보이던
것이 실제로는 단번에 복잡해져서, 마치 절벽 꼭대기에서 보는 파도는
가지런하지만 그 가운데서 헤엄치는 사람에게 보이는 것은 깊은 골과 마루로
나뉘는 것과 같은 이치였다. 그래도 위험을 무릅쓰고 첫 획을 그어야 했다.

_버니니아 울프, 『등대로』 중에서

절벽 아래

아몽 절벽 아래로 깎아지른 바위가 끝도 없이 뻗어나갔다.

마침 빛이 역광이라 더 아스라하게 보였다.

켜켜이 쌓인 흰색과 회색, 검은색의 퇴적층.

위에서 흘러내린 듯한 붉은 얼룩들이 까마득한 세월을 알려주었다.

배와 갈매기

에트르타는 유명 관광지이지만 어촌이기도 하다.
여전히 여기서 바다로 나가 고기를 잡는다는 것이
신기하고 한편으로 무척 고맙기까지 했다.
어떤 어부들은 배 근처에서 한가롭게 이야기를 나누고,
다른 어부들은 힘겹게 밀고 당기며 배를 끌어올리기도 했다.
산책로 난간에 갈매기 한 마리가 앉아 있었는데
가까이 가도 꿈쩍도 하지 않았다.

FC506641

아발 절벽

아발 절벽은 건너편 아몽 절벽보다 더 넓어보였다.

이곳은 소들도 없이 탁 트인 곳이었는데

그래서 영화 〈아르센 루팡〉에서 말 달리는 장면을 비롯한

여러 장면을 여기에서 찍은 것 같다.

검은 그림자를 수면에 드리운 절벽들이 연이어 나타났다.

소설 『등대로』에 여기에 딱 맞는 구절이 나온다.

바다는 얼룩 한 점 없구나. 릴리 브리스코는 여전히 서서 만을 바라다보며 이렇게 생각했다. 만 전체에 비단자락을 펼친 듯 잔잔한 바다가 나타났다. 거리에는 비상한 힘이 있어서 그들은 그 안에 삼켜졌고, 영영 가버렸고, 사물의 본질에 속하게 되었다고 느꼈다. 너무나 조용하고 고요했다. 증기선은 사라졌고, 커다란 연기의 흔적만 공중에 남아 이별을 고하는 깃발처럼 구슬프게 드리웠다.

_버지니아 울프, 『등대로』 중에서

아가씨들의 방

루팡의 소설들과 영화 〈아르센 루팡〉에 등장하는,

절벽 꼭대기 아가씨들의 방도 아발 절벽에 있다.

작은 다리를 지나 도착하게 되는 아주 작은 방으로

벽에 난 구멍을 통해 사람들을 보고 있자니

마치 악당들이 다가오는 것 같은 스릴이 느껴졌다.

모네의 바다

노르망디의 바닷가 르 아브르에서 태어난 모네는

운명적으로 바다에 끌리고

바다를 그릴 수밖에 없었을 것이다.

프랑스뿐 아니라 유럽의 여러 바다를 그린 모네가

특히 좋아한 곳이 바로 이곳 에트르타다.

그는 수십 년의 세월 동안 지치지도 않고

이곳을 방문하고 부지런히 그림을 그렸다.

어부가 고기를 잡으러 나가는 것처럼

고요한 바다와 폭풍우 치는 바다,

해변 양쪽의 절벽과 그 절벽의 뒤편까지

배를 타고 나가는 어부들과 배를 끌어올리는 어부들까지

에트르타에서는 모네도 어부였다.

다만 그는 다른 어부들과 달리

붓과 물감으로 바다를 잡아 올렸을 뿐이다.

-

모네, 에트르타, 아발 관문, 항구를 떠나는 배, 1885

-

모네, 에트르타의 광대한 바다, 1869

-

모네, 에트르타 해변, 1883

-

모네, 에트르타의 폭풍, 1883

모네, 어선들, 1885

-

모네, 만포르트(에트르타), 1883

-

모네, 배 끌기, 1864

\-

모네, 에트르타, 1883

모네, 에트르타 절벽, 1883

-

모네, 성난 바다, 1883

SEA 7

동해, 영국 브라이튼, 아일랜드 호스,
경남 지심도, 벨기에 오스텐데,
제주 애월 · 서귀포, 프랑스 칸

동해

동해의 오후는 바람이 많이 불었고

파도가 짐승처럼 육지를 향해 달려들었다.

바다, 망막한 바다는 우리의 수고를 어루만진다

요란한 바람의 거대한 풍금에 맞추어

노래하는 쉰 목소리의 여가수 바다에게 어떤 악마가

자장가라는 숭고한 재주를 주었는가?

바다, 망막한 바다는 우리의 수고를 어루만진다

_보들레르, 〈슬프고 방황하여〉 중에서

노부부와 염소

오래 전 강원도의 바닷가 어느 곳에선가 본 풍경.

커다란 바위 위에 염소 두 마리가 올라가 있고

바다 쪽으로 한 여자가 걸어갔다.

그리고 뒤에서 남자가 쳐다보는 모습이

이상한 느낌을 가지게 했다.

마치 꿈속에 있는 것 같았는데

그런 느낌은 이후에도 거의 없었던 특이한 것이었다.

브라이튼

영국의 바닷가 브라이튼에도

프랑스나 네덜란드의 다른 나라들처럼

바다로 긴 다리가 놓여 있었다.

변덕스런 날씨는 바닷가에서는 더 심해서

금방 흐리다가 조금 맑아지면서 뿌연 빛이 나타났다.

호스

아일랜드 더블린에 갔을 때 강한 바람에 많이 놀랐다.

한 나라의 수도에 그렇게 강한 바람이 부는 곳은 잘 보지 못했다.

그러다가 호스 바닷가에 가니 거의 몸을 가누기도 힘든 바람이 불었다.

기다란 방파제 끝에는 섬이 보이고 등대가 서 있었다.

사람들이 등대 앞에서 비행기가 지나가는 걸 보다가 곧 뒤돌아갔다.

V.S 프리쳇의 에세이에 이 장면과 어울리는 구절이 나온다.

빅토리아를 떠나는 기선과 연결되는 모든 기차, 뉴욕을 출발하는 모든 정기선, 세계의 모든 호텔 바에는 한 사람, 즉 불행한 여행자가 있다. 그는 즐거움을 위해 여행하는 것이 아니라 고통을 위해 여행한다. 그는 마음을 넓히기 위해서가 아니라 가능한 마음을 좁히기 위해서 여행한다. 일생 동안 묻어둔 공포와 증오를 해방시키기 위해 여행한다. 만일 이런 것들이 이미 국내에서 신선한 공기를 쐬었다면 이제 분노의 식민지를 개척하기 위해 해외로 나간다.

_V.S 프리쳇, 『에세이 전서』 중에서

등대 근처는 더욱 바람이 세었는데

버지니아 울프의 소설 『등대로』가 생각났다.

거기서도 날씨가 좋지 않아서 가족들이

등대로 여행을 가지 못한다.

지심도의 낡은 집

버지니아 울프의 『등대로』를 읽다가 오래전 남해의 섬 지심도에서 보았던 낡은 집이 생각났다. 바닷가 언덕 위 일제 강점기 시대의 집은 오랫동안 버려져서 거의 허물어지기 직전의 모습이었다. 소설에도 가족들이 오래 버려둔 별장이 등장한다.

거실에도, 식당에도, 계단에도, 아무런 인기척이 없었다. 녹슨 경첩이나 습한 바닷바람에 부풀어 오른 목재를 통해, 바람의 몸에서 떨어져 나온 자락들이(워낙 낡은 집이었다) 모퉁이를 돌아 기어들기도 하고 용감하게 안으로 질주하기도 했다. 그렇게 새어든 바람은 거실로 들어와 너덜거리는 벽지를 가지고 놀면서 "좀 더 오래 버텨보겠어? 언제 떨어질 거야?" 라고 묻는 것 같았다.

_버지니아 울프, 『등대로』 중에서

오스텐데

봄날 벨기에의 바닷가 오스텐데에는 사람이 거의 없었다.

이곳에는 벨기에 화가 제임스 앙소르가 살던 집이 있는데

현재 미술관인 그의 집은 마침 문이 닫혀서 할 수 없이

바닷가에서 오랜 시간을 보냈다.

여기에도 프랑스에서처럼 나무로 된 긴 다리가 바다로 나 있었다.

다리의 흰색이 눈부시게 빛나서 비현실적으로 보였다.

하얀 배

서해에서 보았던 배도 파란 바다와 하늘 사이에서

너무나 눈부시게 하얗게 빛나서 마치 유령선 같았다.

애월

2014년 제주에서는 애월의 민박집에서 지냈다.

집에서 50걸음 정도만 나오면

짐짓 우울하고 핼쓱한 표정의 회색 방파제와

검은 돌로 낮게 쌓은 원시적인

고기잡이 시설 같은 곳을 보았다.

제주에서 본 등대 중 가장 귀여운 것이었다.

몽도는 시멘트 블록을 잘 알고 있었다. 그것들은 하반신을 물에 담근 채 거대한 등에 햇볕을 쬐고 있는 거대한 짐승 같은 모양을 하고 있었다. 등에는 우스꽝스러운 무늬가 새겨졌고, 시멘트에는 조개껍질이 박혀 있었다.

_르 클레지오, 『어린 여행자 몽도』 중에서

서귀포

서귀포 절벽 위를 걸으면 멀리 작은 섬이 보인다.

작은 숨결에도 아스라이 사라져버릴 것 같은 섬.

섬을 바라보다가 날이 저물자

종려나무 위로 섬이 올라오는 것 같았다.

보들레르의 시를 읽다가 이 섬을 떠올렸다.

저 초라한 검은 섬은 무엇인가?--시테르 섬이라고

사람들이 말한다, 노래로도 알려진 유명한 섬

모든 늙은 홀아비들이 꿈꾸는 진부한 '황금의 나라'라고

그러나 보라, 그곳은 결국 가난한 땅이 아닌가!

_보들레르, 〈시테르 섬으로의 여행〉 중에서

칸의 공중정원

칸의 하늘 위로 황금의 정원이 열렸다.

황금색 이파리가 바람에 나부끼고

갈매기가 호위병처럼 주위를 맴돌았다.